小猪也能飞

飞艇

〔英〕柯丝蒂·福尔摩斯 著

马 晓 审校 赵加圣 译

中国科学技术大学出版社

安徽省版权局著作权合同登记号：第12191896号

©2019 Booklife Publishing
Simplified Chinese edition arranged by Booklife Publishing.
本翻译版获得Booklife Publishing授权，仅限在中华人民共和国境内（香港、澳门及台湾地区除外）销售，版权所有，翻印必究。

图书在版编目（CIP）数据

小猪也能飞.飞艇/（英）柯丝蒂·福尔摩斯（Kirsty Holmes）著；顾新悦等译.—合肥：中国科学技术大学出版社，2019.5
ISBN 978-7-312-04671-1

Ⅰ.小… Ⅱ.①柯… ②顾… Ⅲ.飞艇—儿童读物 Ⅳ.V-49

中国版本图书馆CIP数据核字（2019）第061800号

出版　中国科学技术大学出版社
　　　安徽省合肥市金寨路96号，230026
　　　http://press.ustc.edu.cn
　　　https://zgkxjsdxcbs.tmall.com
印刷　鹤山雅图仕印刷有限公司
发行　中国科学技术大学出版社
经销　全国新华书店
开本　787 mm×1092 mm　1/12
印张　12
字数　150千
版次　2019年5月第1版
印次　2019年5月第1次印刷
定价　218.00元（全六册）

欢迎来到猪猪飞行训练营！

你梦想过飞上天空吗？你想知道各种飞行器的构造和原理吗？如果想，那你就来对地方了！

我们的猪猪飞行课包括飞机、热气球、航天飞机、直升机、飞艇和滑翔机六门课程。学完这些，通过测验，你就可以加入精英飞行战队——粉红之翼，成为一名超酷的猪猪飞行员！

目 录

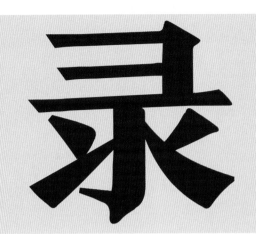

书中加下划线的词语解释可以在第22页的词汇表中找到哦！

欢迎来到
猪猪飞行训练营！

如果你喜欢气球，并且希望它具有更强大的功能，那你就来对地方了——猪猪飞行训练营！

在这里，你能学习到所有你想知道的、有关神奇的飞行器的知识，还能加入精英飞行战队——粉红之翼！

所有人员请注意，飞行时间到啦！

飞行须知

飞艇是怎样上升的？ ☐

飞艇是怎样下降的？ ☐

方向舵是用来做什么的？ ☐

我们往哪里充氦气？ ☐

第一课

飞艇 是什么？

飞艇是一种比空气还轻的航空器（也叫浮空器）。

它们能像气球那样飘浮在空中，因为它们比空气还轻！

当然，飞艇跟气球还是有很大区别的。飞艇可以自由地飞行、转弯，因为它们有发动机，也有方向舵。

让我们在第二课学习更多关于方向舵的知识吧！

飞艇的 组成部分

绝大多数飞艇看起来都是这个样子，而且它们都有着相同的基本部件。

让我们来看看飞艇的组成部分吧！

PIGGLES

方向舵

用于控制飞艇的飞行方向。

主气囊

一个巨大的气囊，里面充满了氦气。

辅助气囊

艇体里的多个小气囊，里面充满了比氦气重的空气。

发动机

用于操控飞艇和给飞艇提供动力。

吊舱

飞行员和乘客就坐在这里面。

第三课
飞艇的 内部构造

罗盘
显示飞行方向

地图
显示飞行位置

高度表
显示飞行高度

监控器
显示氦气储量

驾驶舱在吊舱的最前部，飞行员在这里利用仪器和操控装置使飞艇在空中飞行。这些仪器会为飞行员提供飞行高度、飞行方向、天气情况等信息。

乘客们坐在吊舱的<u>尾部</u>。猪猪小空姐负责在飞行中照顾乘客。通常，飞艇里只有一位猪猪小空姐，她的位置和飞行员一样，都在驾驶舱里。

升力

升力是一种能推着飞行器上升的<u>力</u>。

飞艇用比空气轻得多的氦气来产生升力。

氦气能让整个飞艇飘浮起来!

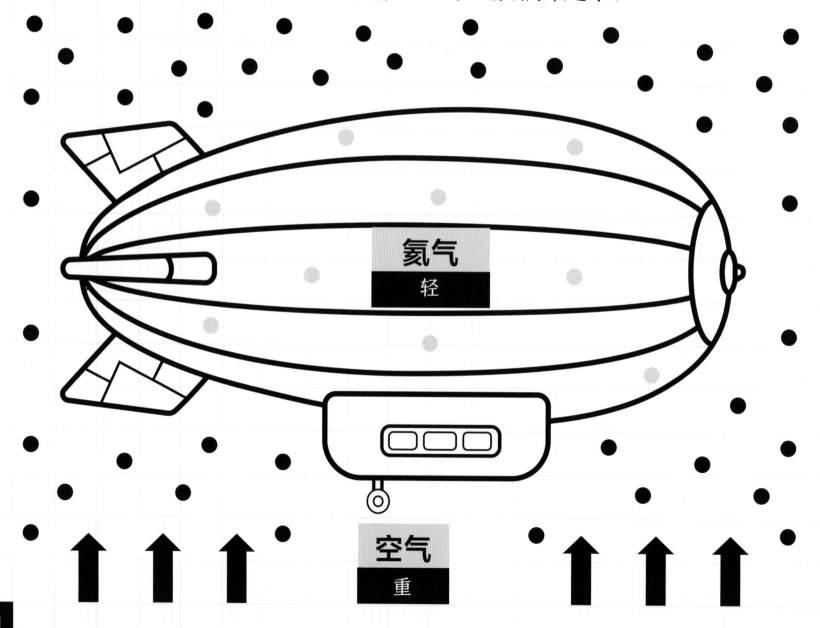

氦气
轻

空气
重

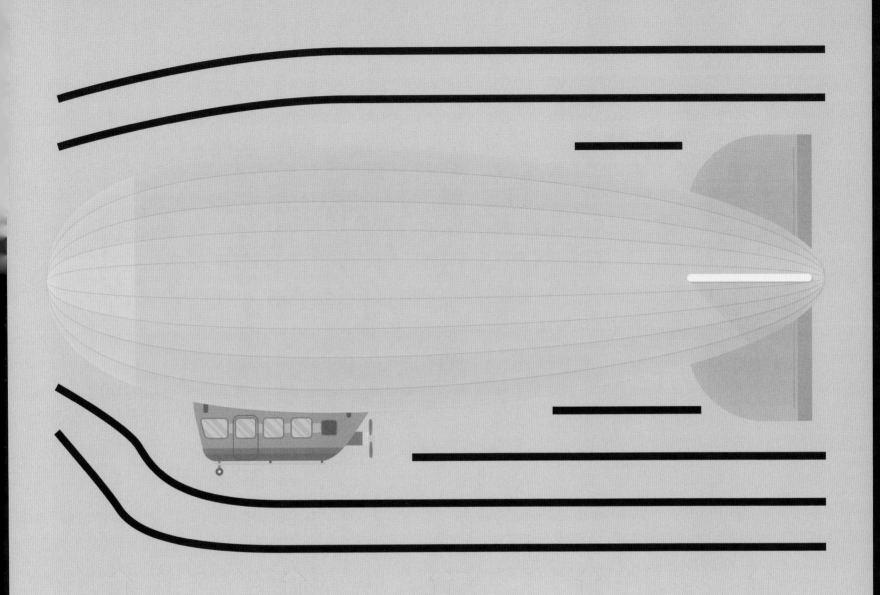

升力

飞艇椭圆形的外表能使空气更顺畅地经过它的表面，这就使得飞艇更容易被操控。

一些飞艇的主气囊是软软的，它依靠内部的气体来支撑自身的形状。还有一些飞艇的主气囊内部有坚硬的骨架，以支撑自身的形状。

操控

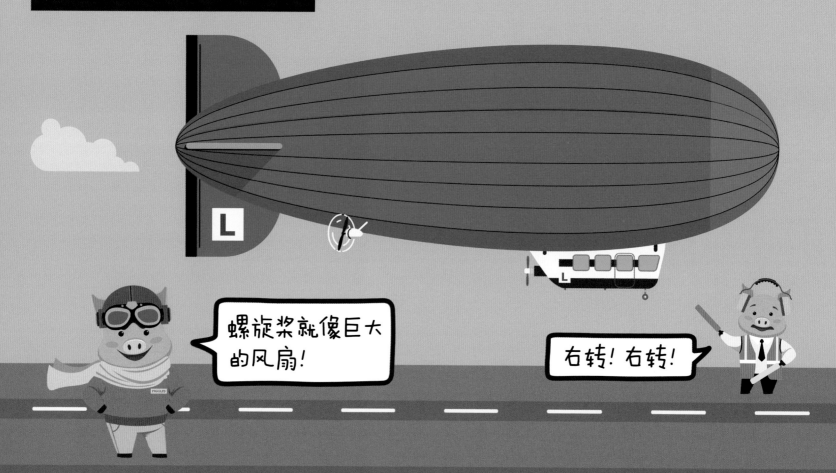

飞艇可以向前、向左或者向右移动。

螺旋桨力大无穷，它位于飞艇的侧面，能制造推力，使飞艇向前移动。

飞艇的尾部有方向舵，它通过控制气流让飞艇转弯。

飞艇可以上升或者下降。氦气可以使飞艇上升，但飞艇是怎么下降的呢？

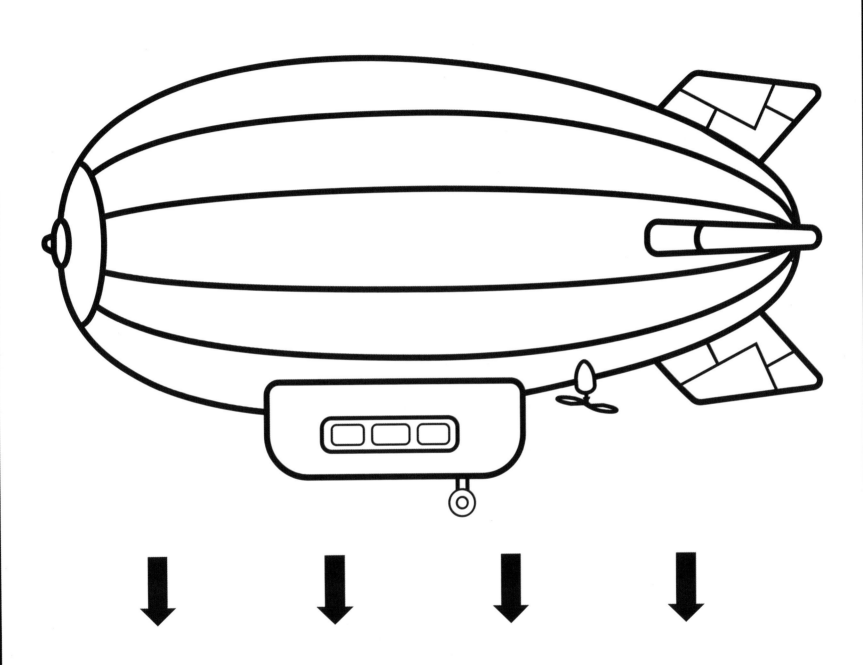

飞行员把比氦气重的空气注入飞艇内部的辅助气囊。

飞行员再把螺旋桨调整为垂直方向，这样就可以产生向下的推力啦！

第六课
坐着飞艇去旅行

旅客们上下飞艇时，飞行员会操控飞艇缓缓地接近地面，并尽量保持平衡。

很快，地面服务人员就会把梯子靠到飞艇的门口，旅客们就可以上下飞艇啦！

记住：一次只能有一位旅客在梯子上哦！

坐着飞艇旅行会让人惊喜不已，每个旅客都靠窗户就坐。飞艇飞得很慢很慢，大概每小时50千米，所以你有大把的时间来观赏美丽的风景哦！

第七课
那些关于 飞艇的著名故事

"兴登堡"号飞艇

"兴登堡"号是世界上超大号的飞艇之一,由德国生产。"兴登堡"号飞艇被用来在大西洋上往返运送旅客。不幸的是,它在一次灾难性事故中被大火彻底烧毁。

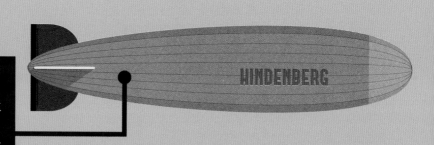

"会飞的屁股"

"登空者10"号是世界上最大的飞艇。它长92米,宽43.5米,可以每小时148千米的速度飞行。因为它的外形看起来很丰满,所以它获得了"会飞的屁股"和"屁股号飞艇"的绰号。

"固特异"号飞艇

美国的固特异公司从1925年开始用飞艇为自己做广告。大家经常在体育场上空看到这艘著名的飞艇!

它曾经帮助科学家为北极画过一张全新的地图！

LZ-127

GRAF ZEPPELIN

"齐柏林伯爵"号飞艇

1931年，"齐柏林伯爵"号飞艇运送一支科学勘探队来到北极点。科学家们拍了照片，并且绘制了一张全新的北极地图。

飞行 小测验

好了，现在来测试一下你记住了多少关于飞艇的知识点，看看你有没有认真听讲哦！如果答对了下面的全部问题，你就能赢得"粉红之翼"勋章！

问题

1. 氦气和空气哪一个更重？

2. 方向舵是用来做什么的？

3. 哪一个仪表可以显示飞艇的飞行方向？

4. 哪一种力推着飞艇上升？

5. "登空者10"号的绰号是什么？

你答对所有的题目了吗？都答对了！太棒了！

这意味着你现在已经是一名专业的飞行员，并且成为世界顶尖精英飞行战队——"粉红之翼"的一员啦！

彩蛋课堂
跳伞

成为一名飞艇的飞行员要经过很多训练，世界上飞艇飞行员的数量比宇航员都少！飞行员一定要学会如何跳伞和安全落地，并且知道如何处理紧急情况……

第一步	第二步	第三步
识别紧急情况	不要惊慌	背上降落伞

"这是什么气味？"

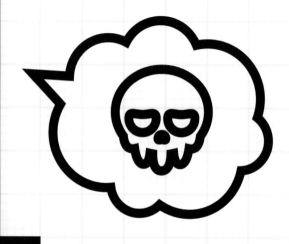

第四步

撤离!

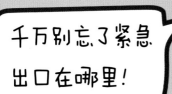

千万别忘了紧急
出口在哪里!

词汇表

操控	操纵控制
飞行员	驾驶飞行器的人
氦气	一种无色无味、不可燃、比空气轻的气体
坚硬	坚实强硬
精英	最优秀杰出的人
力	物体之间的相互作用
尾部	某样东西的最后部分
仪器	用于测量、记录和控制的装置

索引

小猪也能飞

直升机

〔英〕柯丝蒂·福尔摩斯 著
马 晓 审校 顾新悦 裴 波 译

中国科学技术大学出版社

安徽省版权局著作权合同登记号：第12191896号
©2019 Booklife Publishing
Simplified Chinese edition arranged by Booklife Publishing.
本翻译版获得Booklife Publishing授权，仅限在中华人民共和国境内（香港、澳门及台湾地区除外）销售，版权所有，翻印必究。

图书在版编目（CIP）数据

小猪也能飞.直升机/（英）柯丝蒂·福尔摩斯（Kirsty Holmes）著；顾新悦等译.—合肥：中国科学技术大学出版社，2019.5
ISBN 978-7-312-04671-1

Ⅰ.小… Ⅱ.①柯… ②顾… Ⅲ.直升机—儿童读物 Ⅳ.V-49

中国版本图书馆CIP数据核字（2019）第061803号

出版	中国科学技术大学出版社
	安徽省合肥市金寨路96号，230026
	http://press.ustc.edu.cn
	https://zgkxjsdxcbs.tmall.com
印刷	鹤山雅图仕印刷有限公司
发行	中国科学技术大学出版社
经销	全国新华书店
开本	787 mm × 1092 mm 1/12
印张	12
字数	150千
版次	2019年5月第1版
印次	2019年5月第1次印刷
定价	218.00元（全六册）

欢迎来到猪猪飞行训练营！

你梦想过飞上天空吗？你想知道各种飞行器的构造和原理吗？如果想，那你就来对地方了！

我们的猪猪飞行课包括飞机、热气球、航天飞机、直升机、飞艇和滑翔机六门课程。学完这些，通过测验，你就可以加入精英飞行战队——粉红之翼，成为一名超酷的猪猪飞行员！

目录

书中加下划线的词语解释可以在第22页的词汇表中找到哦！

欢迎来到
猪猪飞行训练营！

你对直升机感兴趣吗？在英文中，直升机（helicopter）有很多名字哦，如chopper，copter，helo，whirlybird。不管你怎么称呼它们，如果你想驾驶直升机，那你就来对地方了——猪猪飞行训练营！

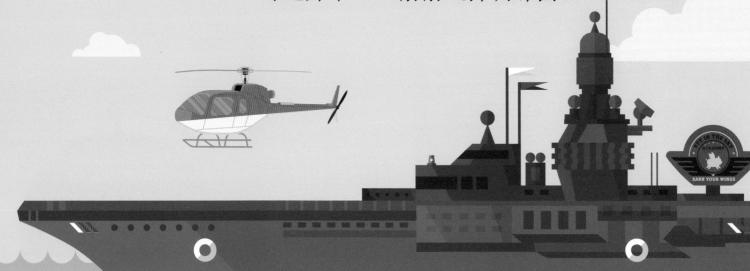

在这里，你能学习到所有你想知道的、有关神奇的飞行器的知识，还能加入精英飞行战队——粉红之翼！

所有人员请注意，飞行时间到啦！

飞行须知

直升机是怎样上升的？ ☐

直升机是怎样下降的？ ☐

直升机怎样避免机身打转？ ☐

钢索是用来做什么的？ ☐

第一课
直升机是什么？

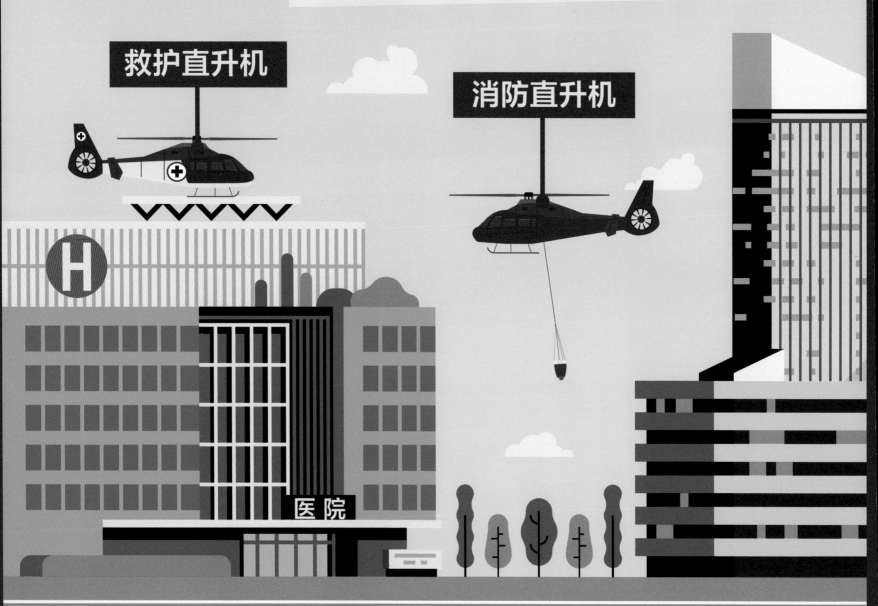

救护直升机

消防直升机

H

医院

直升机是一种飞行器，一种可以飞的机器。

它们可以运送人或者<u>货物</u>，还可以做一些其他飞机无法做到的事情。

第二课
直升机的 组成部分

直升机种类繁多，各不相同，但大多具备这些基本部件。

让我们来看看直升机的组成部分吧！

尾桨
防止直升机打转，同时也用来控制航向。

尾梁
帮助直升机保持稳定，并且把尾桨与机身连在一起。

主旋翼

它通过旋转产生升力。（可以在第四课中学习更多有关升力的知识哦！）

主旋翼轴

又可以称作转轴，连接着主旋翼的桨叶与发动机。

滑橇式起落架

长长的，像雪橇一样的"脚"，用来着陆。

驾驶舱

飞行员坐在这里操控直升机。

第三课
直升机的 内部构造

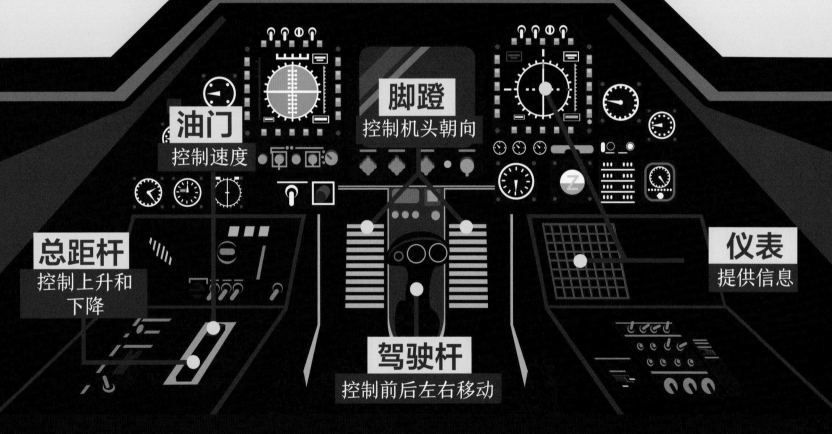

油门
控制速度

脚蹬
控制机头朝向

总距杆
控制上升和下降

驾驶杆
控制前后左右移动

仪表
提供信息

飞行员就坐在驾驶舱里面，这里有飞行时飞行员需要的所有控制装置。因为直升机可以朝任何方向飞行，所以它的控制装置与其他飞行器不一样。

有的小型直升机仅能承载一个人。

米-26直升机是世界上最大的直升机，它可以承载80名士兵和4名<u>机组人员</u>。

第四课
升力

升力是一种能推着飞行器上升的<u>力</u>。直升机的主旋翼高速旋转，从而产生升力，推动直升机升起。

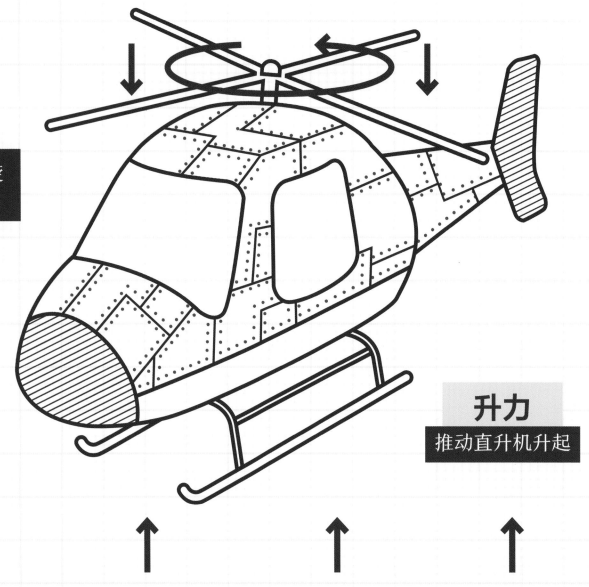

旋转
主旋翼每分钟旋转600圈！

升力
推动直升机升起

直升机主旋翼的桨叶的形状非常重要。它的上表面是弯曲的，下表面是平的。这意味着当空气流过旋转的主旋翼的桨叶时，主旋翼的桨叶上表面的气流速度更快，因此压力更低；而下表面的气流速度慢，压力高。

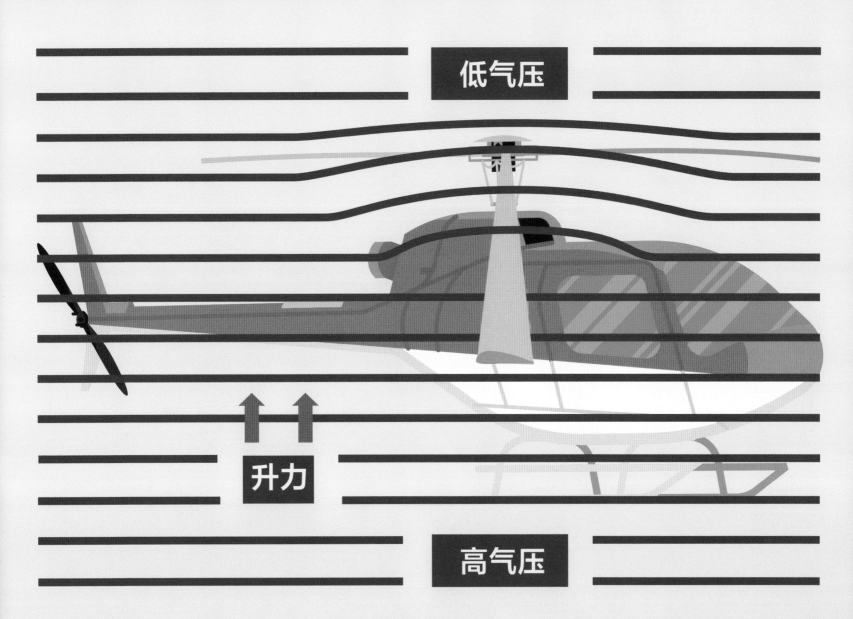

低气压

升力

高气压

这种压力差便产生了升力，使主旋翼的桨叶（直升机）看上去像被空气吸着上升一样。

第五课
操控

也许你会产生疑问：为什么在发动机启动时，整架直升机不会随着主旋翼一起疯狂地旋转呢？毕竟主旋翼旋转得如此之快。答案就在直升机的尾部哦！

直升机还有一个小的旋翼——尾桨，位于尾部的侧面。当尾桨旋转时，会在尾部产生一个<u>垂直</u>于机尾侧面的作用力，抵消由主旋翼旋转带来的偏转力，从而使直升机保持平直。

直升机有很大的噪声，要大声说话哦！

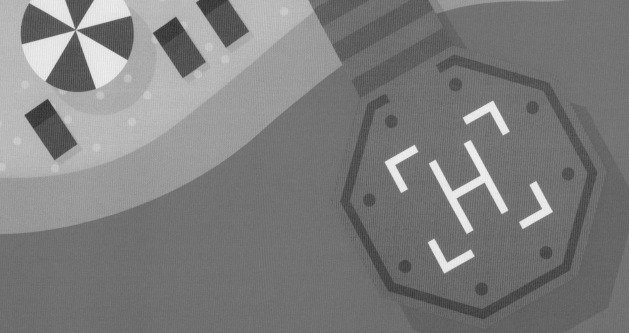

第六课
起飞 和 着陆

直升机飞到空中的过程称为起飞。因为直升机可以垂直起飞，所以它们不需要太大的起飞空间。专门给直升机起降的地方称为停机坪。

直升机可以降落在任何大片、平坦、没有树木和电线的区域。这意味着它们可以降落在很多地方，例如，田地、公园、船只、大楼的楼顶，甚至是马路！

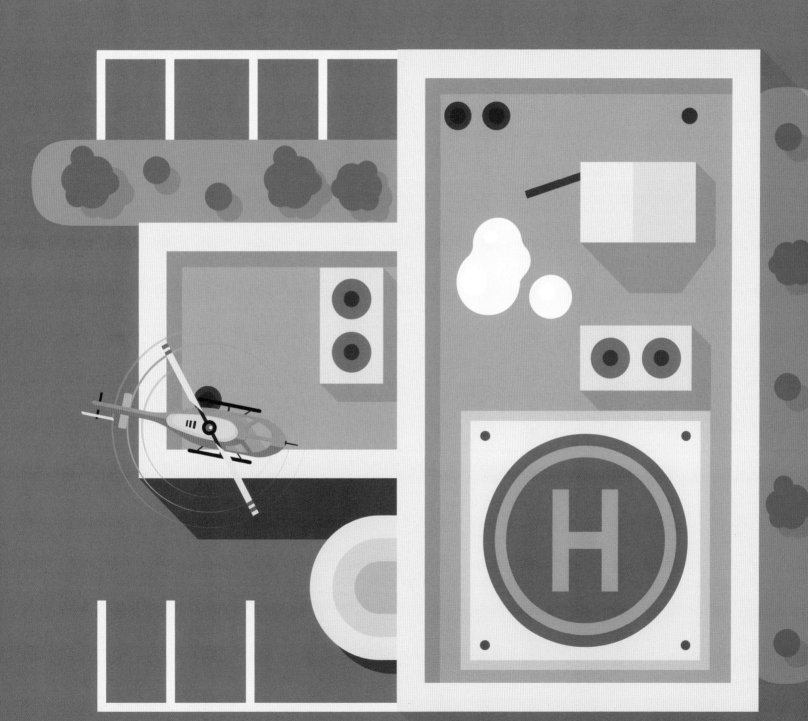

第七课
那些关于直升机的著名故事

莱昂纳多·达·芬奇

在15世纪80年代，莱昂纳多·达·芬奇设计了一个与直升机很相似的机器，称之为"空中旋转机"。他只制造了模型，从未实际飞行过。

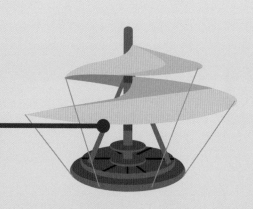

"德克萨斯精神"号

罗斯·佩罗和杰伊·科伯恩驾驶"德克萨斯精神"号完成了第一次直升机环球飞行。飞行历时29天3小时8分钟，共添加燃油56次。

海军陆战队一号

海军陆战队一号是美国总统搭乘的专用直升机的代号。海军陆战队一号的机组人员称为"夜鹰"。

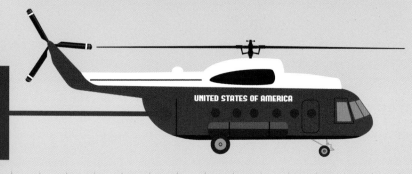

世界纪录打破者

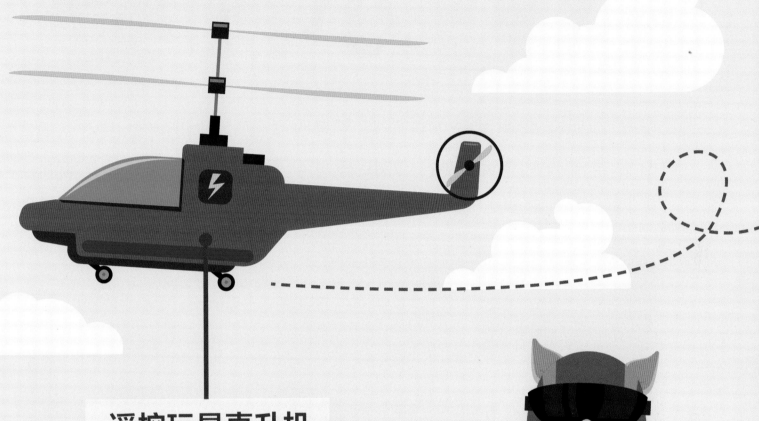

遥控玩具直升机

遥控玩具直升机同时飞行数量的世界纪录是98架。

飞行 小测验

好了，现在来测试一下你记住了多少关于直升机的知识点，看看你有没有认真听讲哦！如果答对了下面的全部问题，你就能赢得"粉红之翼"勋章！

问题

1. 直升机的"脚"应该称作什么呢？

2. 哪个部分可以操控直升机向前、向后、向左和向右飞行呢？

3. 米-26直升机可以承载多少名士兵？

4. 防止直升机打转的部分是什么呢？

5. 直升机的特定着陆区域称作什么呢？

你答对所有的题目了吗？都答对了！太棒了！

答案：1. 滑橇式起落架　2. 驾驶杆　3. 80名　4. 尾桨　5. 停机坪

这意味着你现在已经是一名专业的飞行员，并且成为世界顶尖精英飞行战队——"粉红之翼"的一员啦！

直升机营救

一名合格的直升机飞行员需要学习关于直升机的知识，并且要花费很多年学习如何安全驾驶直升机。直升机的重要用途之一就是在紧急情况下进行营救……

第一步	第二步	第三步
识别紧急情况	不要惊慌	开始营救

"我们把小熊忘在海上了！"

第四步

抓紧!

词汇表

垂直	竖直向上或向下
飞行员	驾驶飞行器的人
发动机	可以为机器提供动能的装置
货物	运载工具携带的东西
机组人员	一架飞机上的全体工作人员
精英	最优秀杰出的人
力	物体之间的相互作用
燃油	可以用来产生能量的物质

索引

小猪也能飞

航天飞机

〔英〕柯丝蒂·福尔摩斯 著
马 晓 审校 汪 庆 译

中国科学技术大学出版社

安徽省版权局著作权合同登记号：第12191896号

©2019 Booklife Publishing

Simplified Chinese edition arranged by Booklife Publishing.

本翻译版获得Booklife Publishing授权，仅限在中华人民共和国境内（香港、澳门及台湾地区除外）销售，版权所有，翻印必究。

图书在版编目（CIP）数据

小猪也能飞.航天飞机/（英）柯丝蒂·福尔摩斯（Kirsty Holmes）著；顾新悦等译.一合肥：中国科学技术大学出版社，2019.5

ISBN 978-7-312-04671-1

Ⅰ.小… Ⅱ.①柯… ②顾… Ⅲ.航天飞机—儿童读物 Ⅳ.V-49

中国版本图书馆CIP数据核字（2019）第061801号

出版　中国科学技术大学出版社
　　　　安徽省合肥市金寨路96号，230026
　　　　http://press.ustc.edu.cn
　　　　https://zgkxjsdxcbs.tmall.com

印刷　鹤山雅图仕印刷有限公司

发行　中国科学技术大学出版社

经销　全国新华书店

开本　787 mm × 1092 mm　1/12

印张　12

字数　150千

版次　2019年5月第1版

印次　2019年5月第1次印刷

定价　218.00元（全六册）

欢迎来到猪猪飞行训练营！

你梦想过飞上天空吗？你想知道各种飞行器的构造和原理吗？如果想，那你就来对地方了！

我们的猪猪飞行课包括飞机、热气球、航天飞机、直升机、飞艇和滑翔机六门课程。学完这些，通过测验，你就可以加入精英飞行战队——粉红之翼，成为一名超酷的猪猪飞行员！

目录

书中加下划线的词语解释可以在第22页的词汇表中找到哦！

欢迎来到
猪猪飞行训练营！

你对航天飞机感兴趣吗？你是不是梦想着驾驶巨型火箭穿梭在星际间？如果是，那你就来对地方了——猪猪飞行训练营！

STY IN THE SKY
ACADEMY
EARN YOUR WINGS

在这里，你能学习到所有你想知道的、有关神奇的宇宙飞船的知识，还能加入精英飞行战队——粉红之翼！

所有人员请注意，飞行时间到啦！

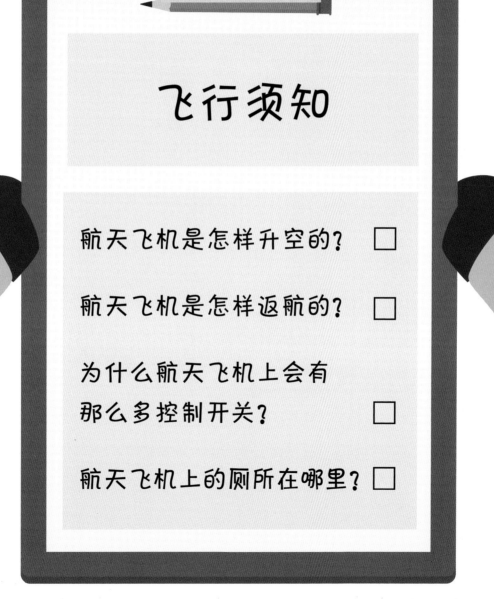

飞行须知

航天飞机是怎样升空的？ ☐

航天飞机是怎样返航的？ ☐

为什么航天飞机上会有
那么多控制开关？ ☐

航天飞机上的厕所在哪里？ ☐

第一课
航天飞机 是什么?

航天飞机

发射台

航天飞机是宇宙飞船中的一种。也就是说,它可以离开地球的<u>大气层</u>,
飞往宇宙进行太空探险。

航天飞机的作用是将重要的设备和经过严格训练的<u>宇航员</u>送入太空。

很多人会专门去现场观看航天飞机发射。

5…4…3…2…1…升空

TEAM SPACE

TEAM SPACE

航天飞机发射升空的声音非常大哦！你能听见我说话吗？

PIGGLES

第二课

航天飞机的组成部分

美国的航天飞机和俄罗斯的航天飞机虽然外表看起来不一样，但它们的工作原理是一样的。

燃料箱

航天飞机上有个巨大的燃料箱，它用于存储火箭助推器所需的燃料。

驾驶舱

宇航员在这里操作和驾驶航天飞机。

载荷舱

航天飞机装载的所有东西都叫做"载荷",如货物。所有的载荷都被储存在载荷舱。

发动机

提供航天飞机在太空中飞行所需的动力。

让我们来看看航天飞机的组成部分吧!

轨道飞行器

承载旅客、宇航员和他们随身携带的所有物品。

火箭助推器

帮助航天飞机离开地面,加速飞入太空。

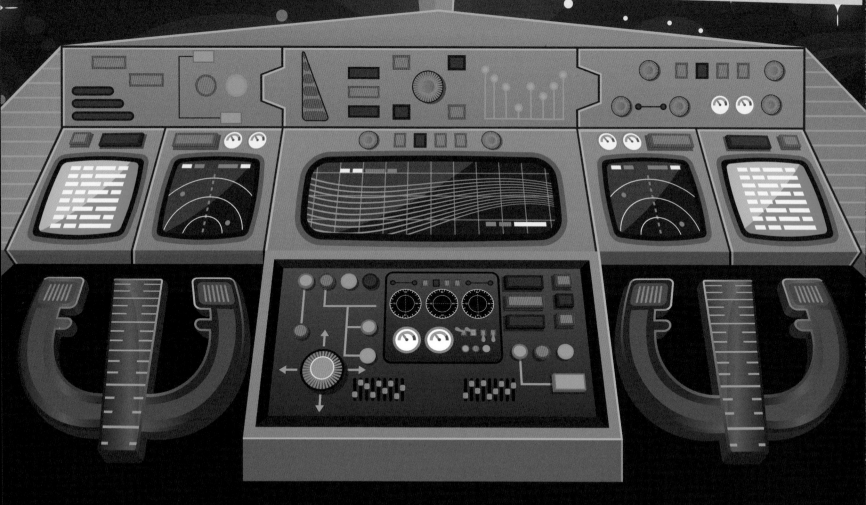

第三课
航天飞机的内部构造

驾驶舱是宇航员驾驶航天飞机的地方。所有用于操控航天飞机的开关都在这里。驾驶舱里有超过2020个控制开关和显示器。

航天飞机（轨道飞行器）里有可供宇航员们使用的生活舱。他们在里面吃饭、锻炼身体，甚至在里面上厕所。宇航员必须使用特殊的太空厕所——因为在没有重力的情况下是很难小便的。

第四课
推力

要让航天飞机升上太空，需要制造推力。推力是一种使航天飞机垂直向上升起的力，这种力可以使航天飞机达到足够快的速度，摆脱地球引力，飞入太空。

向下

气体从燃料箱中高速向下喷向地面。

向上

这些向下喷射的气体会产生巨大的、向上的力，大到可以将航天飞机推离地面，使它升上太空！

巨大的推力使得航天飞机的速度可以在8秒钟内达到每小时160千米。

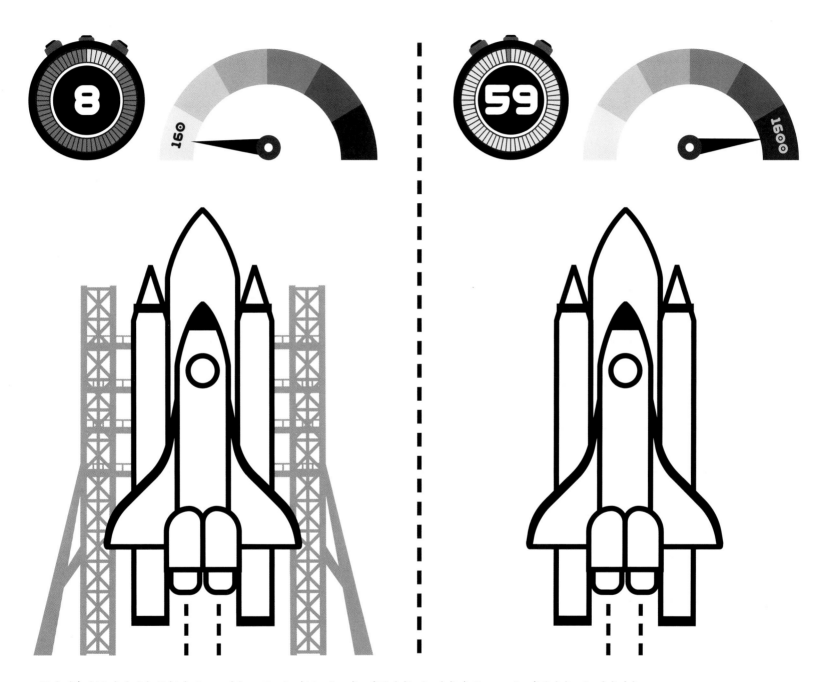

随着燃料的消耗，航天飞机会变得越来越轻，飞得越来越快。

升空1分钟后，航天飞机的速度将超过每小时1600千米。

轨道

成功发射后，燃料箱和火箭助推器会被航天飞机丢入大海。这样，航天飞机会变得更轻、更容易操控。接下来，航天飞机将使用它自身的发动机继续向太空飞行。

航天飞机最终进入近地轨道（Low-Earth Orbit, LEO）。这意味着它会沿着一个离地球很近的、固定的路线一直循环飞行。它将在近地轨道里以每小时27000千米的速度持续飞行。

每小时27000千米

航天飞机绕地球飞行一周大约只需要90分钟，所以没有上课迟到的借口哦！

第六课
返航 和 着陆

为了返回地球，航天飞机需要降低飞行速度。当航天飞机进入大气层时，它通过抬起机头增加自身受到的空气阻力，从而达到减速的目的，这个动作就像跳水时肚皮先着水一样。

空气阻力会降低航天飞机的飞行速度，同时也会使航天飞机在返航时变得非常热！

PIGGLES

一旦穿越了大气层，航天飞机就会像普通的飞机一样在跑道上着陆。通常，计算机会控制航天飞机返航，而宇航员则负责操控航天飞机着陆。

航天飞机的降落速度大约为每小时360千米。一个大大的降落伞会帮助航天飞机减速。

PIGGLES

第七课
那些关于航天器的著名故事

"哥伦比亚"号

1981年4月12日，美国国家航空航天局在卡纳维拉尔角发射了他们的第一架航天飞机。宇航员约翰·杨、罗伯特·克里平是"哥伦比亚"号航天飞机的驾驶员。

瓦莲京娜·捷列什科娃

1963年，瓦莲京娜·捷列什科娃成为了飞入太空的首位女性宇航员。她乘坐的是"东方6号"宇宙飞船。

哈勃空间望远镜

1990年4月24日，"发现者"号航天飞机将著名的哈勃空间望远镜送入了轨道。

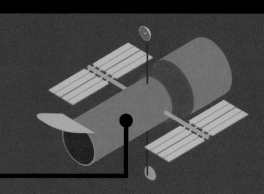

第一支可以重复利用的重型运载火箭

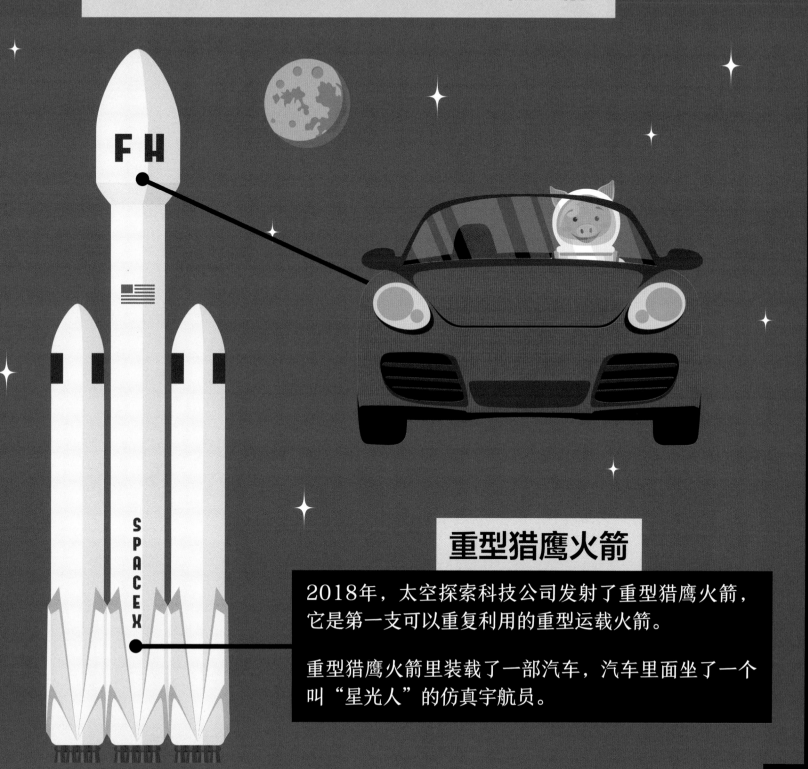

重型猎鹰火箭

2018年，太空探索科技公司发射了重型猎鹰火箭，它是第一支可以重复利用的重型运载火箭。

重型猎鹰火箭里装载了一部汽车，汽车里面坐了一个叫"星光人"的仿真宇航员。

飞行 小测验

好了，现在来测试一下你记住了多少关于航天飞机的知识点，看看你有没有认真听讲哦！如果答对了下面的全部问题，你就能赢得"粉红之翼"勋章！

问题

1. 航天飞机上用来装载货物的地方叫什么？

2. 推动火箭升空的力量是什么？

3. 什么是"LEO"？

4. 航天飞机落地时的速度大约是多少？

5. 谁是第一个飞入太空的女性宇航员？

你答对所有的题目了吗？都答对了！太棒了！

这意味着你现在已经是一名专业的宇航员，并且成为世界顶尖精英飞行战队——"粉红之翼"的一员啦！

答案：1. 载荷舱　2. 推力　3. 近地轨道（Low-Earth Orbit）的英文缩写　4. 每小时360千米　5. 瓦莲京娜·捷列什科娃

太空行走

在太空中，你可能需要去航天飞机的外面执行维护工作或者其他任务。想要完成这些任务，你需要一个特殊的太空服来保护你，并且给你提供呼吸所需的空气……

第一步	第二步	第三步
识别紧急情况	不要惊慌	系紧绳索

"有人破坏了太空厕所！"

词汇表

操控	操纵控制
大气层	包裹着地球的一层混合气体
精英	最优秀杰出的人
空气阻力	空气对运动物体的阻碍力
力	物体之间的相互作用
宇航员	受过专业训练、可以驾驶航天器的人
重力	物体由于地球的吸引所受到的竖直向下的力

索引

小猪也能飞

热 气 球

〔英〕柯丝蒂·福尔摩斯 著
马 晓 审校 邢军君 译

中国科学技术大学出版社

安徽省版权局著作权合同登记号：第12191896号

©2019 Booklife Publishing
Simplified Chinese edition arranged by Booklife Publishing.
本翻译版获得Booklife Publishing授权，仅限在中华人民共和国境内（香港、澳门及台湾地区除外）销售，版权所有，翻印必究。

图书在版编目（CIP）数据

小猪也能飞.热气球/（英）柯丝蒂·福尔摩斯（Kirsty Holmes）著；顾新悦等译.—合肥：中国科学技术大学出版社，2019.5
ISBN 978-7-312-04671-1

Ⅰ.小… Ⅱ.①柯… ②顾… Ⅲ.气球运动—儿童读物 Ⅳ.V-49

中国版本图书馆CIP数据核字（2019）第061806号

出版	中国科学技术大学出版社
	安徽省合肥市金寨路96号，230026
	http://press.ustc.edu.cn
	https://zgkxjsdxcbs.tmall.com
印刷	鹤山雅图仕印刷有限公司
发行	中国科学技术大学出版社
经销	全国新华书店
开本	787 mm × 1092 mm　1/12
印张	12
字数	150千
版次	2019年5月第1版
印次	2019年5月第1次印刷
定价	218.00元（全六册）

欢迎来到猪猪飞行训练营！

你梦想过飞上天空吗？你想知道各种飞行器的构造和原理吗？如果想，那你就来对地方了！

我们的猪猪飞行课包括飞机、热气球、航天飞机、直升机、飞艇和滑翔机六门课程。学完这些，通过测验，你就可以加入精英飞行战队——粉红之翼，成为一名超酷的猪猪飞行员！

目 录

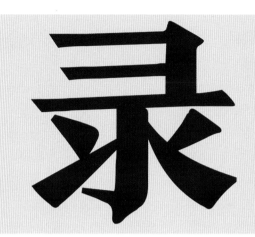

★ 书中加下划线的词语解释可以在第22页的词汇表中找到哦! ★

欢迎来到

猪猪飞行训练营！

你对热气球感兴趣吗？你是否梦想过坐着巨大的篮子在空中飘浮？如果是，那你就来对地方了——猪猪飞行训练营！

STY IN THE SKY
ACADEMY
EARN YOUR WINGS

在这里，你能学习到所有你想知道的、有关神奇的飞行器的知识，还能加入精英飞行战队——粉红之翼！

所有人员请注意，飞行时间到啦！

飞行须知

热气球是怎样上升的？ ☐

热气球是怎样下降的？ ☐

热气球怎么能飞得这么高？ ☐

去哪里野餐呢？ ☐

第一课
热气球 是什么？

热气球是一种比空气还轻的飞行器。

热气球比它周围的空气轻，所以能飘起来。

热气球可以用来载客。通常它们只能承载几名乘客。

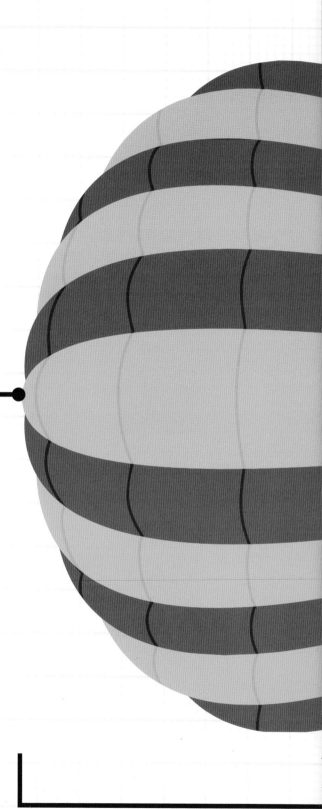

第二课

热气球的组成部分

伞阀

飞行员释放气体的部位。

伞盖

热气球都有一个用尼龙制成的大袋子,它使热气球升到空中。

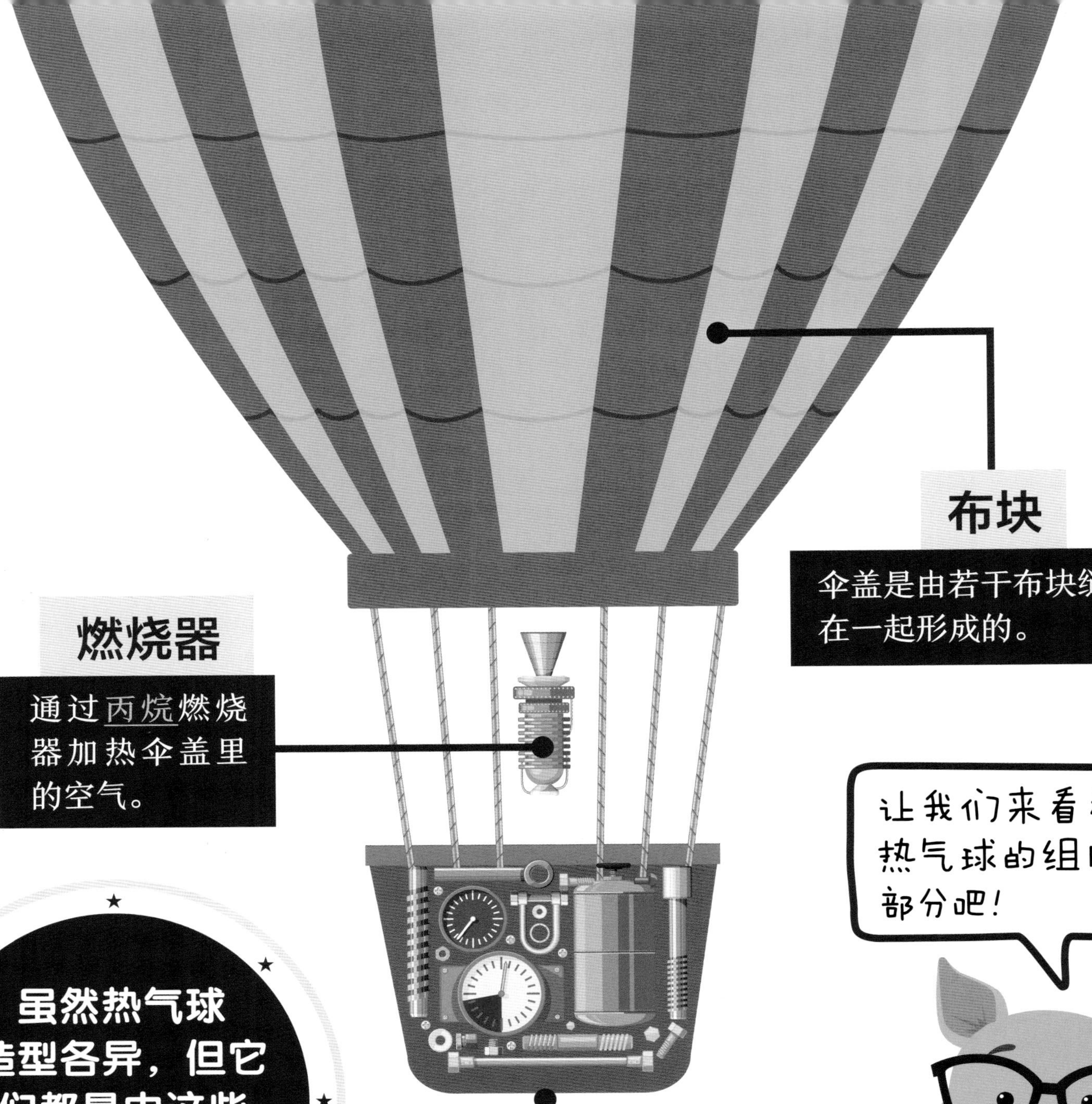

布块

伞盖是由若干布块缝合在一起形成的。

燃烧器

通过丙烷燃烧器加热伞盖里的空气。

吊篮

用于运载乘客。

虽然热气球造型各异，但它们都是由这些基础部分组成的哦！

第三课
热气球的内部构造

温度计
显示空气温度

丙烷储存罐
燃料

罗盘
显示飞行方向

高度表
显示飞行高度

飞行员
猪猪小空少

野餐的食物
非常重要

热气球的吊篮里装着丙烷储存罐，可以为燃烧器提供燃料。吊篮里还有飞行员所需的<u>仪器</u>。热气球的吊篮通常是<u>柳条筐</u>，非常轻。

乘客和飞行员一起站在吊篮里旅行。

吊篮里没有座位，没有门。进入吊篮时也没有楼梯，乘客必须爬进去，且在整个旅途中都需要站着。不过别担心，外面的景色会让你大饱眼福！

第四课
升力

要使热气球飞上天空，就需要产生足够的升力。升力是一种能推着飞行器上升的<u>力</u>。热气球通过调节冷热空气的量来产生升力。

热空气
上升

冷空气
下降

PIGGLES

飞行员通过燃烧器来加热伞盖内的空气。

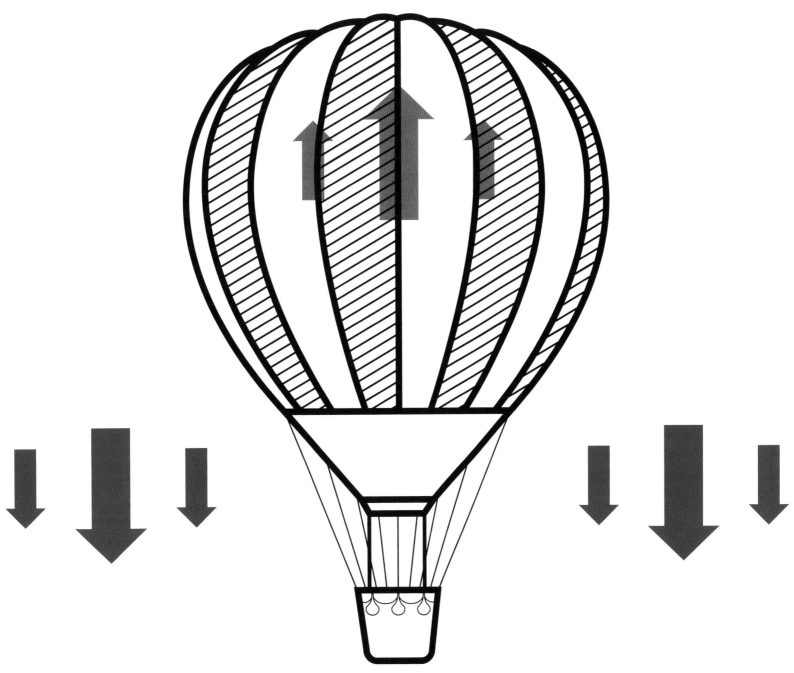

热空气比周围的冷空气轻，所以热空气向上运动，这样就能够带动热气球往上升啦！

第五课
航行

飞行员无法控制热气球往哪里飞。因为热气球很轻，风会推动它前进。

飞行员通过改变热气球飞行的高度，尝试找到正确的风向，从而达到控制飞行方向的目的。

飞行员会使用一种无声的液体燃烧器——无噪声燃烧器作为动力来源。这样热气球在田野上空飞行时，就不会吓到小动物们啦！

通常情况下，工作人员会在车上跟踪热气球，查看热气球着陆的位置，然后去接乘客。

第六课
起飞 和 着陆

热气球飞到空中的过程称为起飞。工作人员将燃烧器连接到吊篮和气囊上，然后将伞盖横放在地上。燃烧器点燃后将空气加热，填充伞盖。

在飞行结束的时候，飞行员会打开热气球的顶端，慢慢地释放热空气，这样热气球就会慢慢下降。理想的着陆点需要有开阔的场地，并且周围没有电线。

飞行员会让热气球的吊篮底部轻轻地接触地面多次，直到它停下。

PIGGLES

第七课
那些关于热气球的著名故事

飞行海拔世界纪录

2005年，维加帕特·辛格哈尼亚创下了载人热气球飞行海拔的世界纪录，他飞到了印度上空海拔21290米的高度。

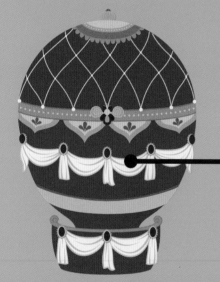

第一次坐热气球升空

1783年，蒙特哥菲尔兄弟为国王路易十六放飞了史上第一个热气球，当时的乘客是一只鸭子、一只绵羊和一只公鸡！

首次穿越大西洋

1978年，本·阿布鲁佐、马克西·安德森和拉里·纽曼首次成功驾驶热气球穿越大西洋！

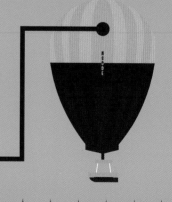

第一个环游世界的热气球

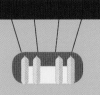

BREITLING
ORBITER 3

第一个环游世界的热气球是由伯特兰·皮卡德和布莱恩·琼斯驾驶的百年灵热气球3号（Breitling Orbiter 3）。

飞行 小测验

好了，现在来测试一下你记住了多少关于热气球的知识点，看看你有没有认真听讲哦！如果答对了下面的全部问题，你就能赢得"粉红之翼"勋章！

问题

1. 热气球充气的部分称作什么？

2. 燃烧器用的燃料是什么？

3. 第一次坐热气球飞行的乘客都有哪些？

4. 哪种空气会上升——热空气还是冷空气？

5. 哪个词可以形容"飞到空中的过程"？

你答对所有的题目了吗？都答对了！太棒了！

答案：1.票仓 2.牛舍 3.一只鸭子、一只绵羊和一只公鸡 4.拉空袋 5.起飞

这意味着你现在已经是一名专业的飞行员，并且成为世界顶尖精英飞行战队——"粉红之翼"的一员啦！

彩蛋课堂

蹦极

一名合格的热气球飞行员需要学习关于热气球的知识，并且要花费很多年学习如何安全驾驶热气球。他们要知道如何起飞和着陆，并且知道如何处理紧急情况……

第一步	第二步	第三步
识别紧急情况	不要惊慌	绑好蹦极绳

"我们野餐的食物吃完了！"

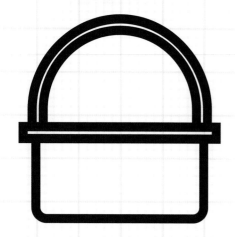

第四步

跳！

别忘了你的蹦极
绳哦！
啊啊啊啊啊！

21

词汇表

丙烷	一种无色无味的可燃气体，可用作燃料
飞行员	驾驶飞行器的人
高度	飞行器到地面的距离
精英	最优秀杰出的人
力	物体之间的相互作用
柳条筐	使用柳条编织成的篮子
尼龙	一种由聚酰胺类合成的人造纤维
仪器	用于测量、记录和控制的装置

索引

小猪也能飞

飞机

〔英〕柯丝蒂·福尔摩斯 著

马 晓 审校 潘 瑶 译

中国科学技术大学出版社

安徽省版权局著作权合同登记号：第12191896号

©2019 Booklife Publishing
Simplified Chinese edition arranged by Booklife Publishing.
本翻译版获得Booklife Publishing授权，仅限在中华人民
共和国境内（香港、澳门及台湾地区除外）销售，版权所
有，翻印必究。

图书在版编目（CIP）数据

小猪也能飞.飞机/（英）柯丝蒂·福尔摩斯（Kirsty
Holmes）著；顾新悦等译.—合肥：中国科学技术大学出
版社，2019.5
ISBN 978-7-312-04671-1

Ⅰ.小… Ⅱ.①柯… ②顾… Ⅲ.飞机—儿童读物
Ⅳ.V-49

中国版本图书馆CIP数据核字（2019）第061805号

出版　中国科学技术大学出版社
　　　安徽省合肥市金寨路96号，230026
　　　http://press.ustc.edu.cn
　　　https://zgkxjsdxcbs.tmall.com
印刷　鹤山雅图仕印刷有限公司
发行　中国科学技术大学出版社
经销　全国新华书店
开本　787 mm×1092 mm　1/12
印张　12
字数　150千
版次　2019年5月第1版
印次　2019年5月第1次印刷
定价　218.00元（全六册）

欢迎来到猪猪飞行训练营！

你梦想过飞上天空吗？你想知道各种飞行器的构造和原理吗？如果想，那你就来对地方了！

我们的猪猪飞行课包括飞机、热气球、航天飞机、直升机、飞艇和滑翔机六门课程。学完这些，通过测验，你就可以加入精英飞行战队——粉红之翼，成为一名超酷的猪猪飞行员！

目 录

书中加下划线的词语解释可以在第22页的词汇表中找到哦！

欢迎来到
猪猪飞行训练营！

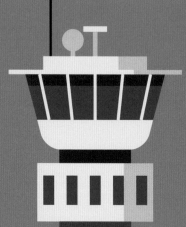

你对飞机感兴趣吗？你是不是梦想着能在空中翱翔，在云中穿梭？如果是，那你就来对地方了——猪猪飞行训练营！

在这里，你能学习到所有你想知道的、有关神奇的飞行器的知识，还能加入精英飞行战队——粉红之翼！

所有人员请注意，飞行时间到啦！

飞行须知

飞机是怎样起飞的？ □

飞机是怎样着陆的？ □

飞机怎么飞得那么快？ □

弹射座椅！ □

第一课
飞机 是什么？

特技飞机

军用飞机

水上飞机

飞机是一种飞行器，一种可以飞的机器。

它们可以用来运输乘客或者<u>货物</u>。

第二课 飞机的 组成部分

STY IN THE SKY
ACADEMY

EARN YOUR WINGS

机翼

机翼是固定在机身上的，它们可以提供升力，并且使飞机可以在空中飞行。

让我们来看看飞机的组成部分吧！

6

机身

飞机的主体部分。机身将飞机所有的部分连接在一起，并装载乘客或货物。

飞机都是各不相同的，但是所有飞机都会有这些基本部件。

动力装置

所有的飞机都有动力装置，它们要么有喷气式发动机，要么有螺旋桨（我们会在第五课学习更多关于动力装置的知识哦）。

驾驶舱

这里就是飞行员坐着开飞机的地方。

机头

大部分飞机都会有一个圆锥形的机头。

第三课 飞机的 内部构造

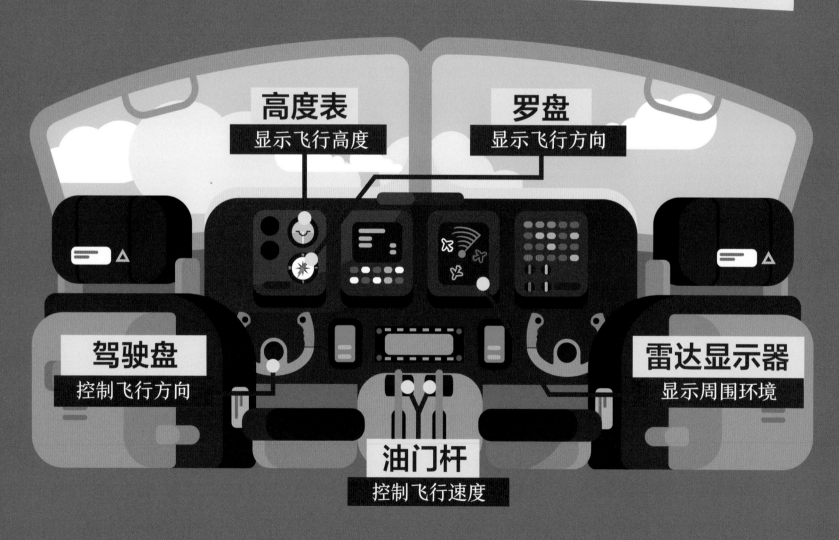

高度表
显示飞行高度

罗盘
显示飞行方向

驾驶盘
控制飞行方向

雷达显示器
显示周围环境

油门杆
控制飞行速度

飞行员就坐在驾驶舱里面，这里有飞行员在飞行时需要的所有操控装置。高度表、雷达等<u>仪器</u>可以为飞行员提供有关飞机和天气等的重要信息。

行李、货物，甚至是小动物们都被放置在飞机的腹部或者尾部，也就是货舱。

客舱在飞机的中段。乘客们坐在这里，猪猪小空姐会在飞行过程中照顾乘客，并且教他们怎样才能安全又舒适地享受空中旅行。

升力

要让飞机升上天空，需要制造升力。升力是一种能推着飞行器上升的力。飞机在飞行过程中主要受到四种力的作用。

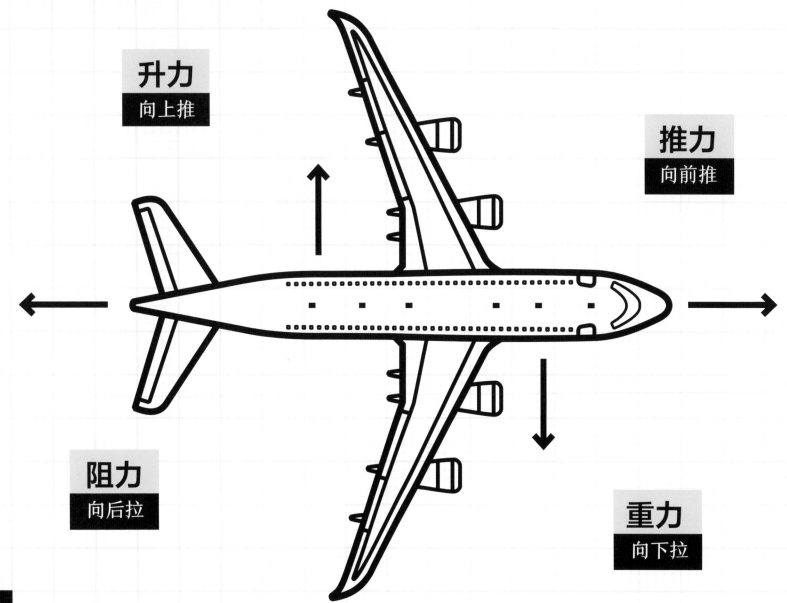

升力
向上推

推力
向前推

阻力
向后拉

重力
向下拉

机翼可以为飞机提供升力，它们有着特殊的造型，能够让气流在经过有弧度的机翼上表面时速度变快。

低气压

升力

高气压

机翼下面的气压较高，而上面的气压较低。这样的气压差让机翼（飞机）升上了天空。

第五课
推力

为了制造升力，飞机必须动起来。而为了让飞机向前动起来，要先制造推力。

螺旋桨

螺旋桨

螺旋桨就像巨大的风扇，它们转动起来，就像机翼一样，在螺旋桨的前、后方产生压力差，从而推着飞机向前进。一般来说，螺旋桨需要发动机提供动力才能转动起来。

喷气式发动机

喷气式发动机的工作原理是迅速地吸入大量空气，再以极高的速度将空气从发动机后部喷射出去。

喷气式发动机很吵哦，你们能听到我说话吗？

空气被吸入和喷出时产生的力，推动着飞机向前进，从而就制造了推力。

第六课
起飞 和 着陆

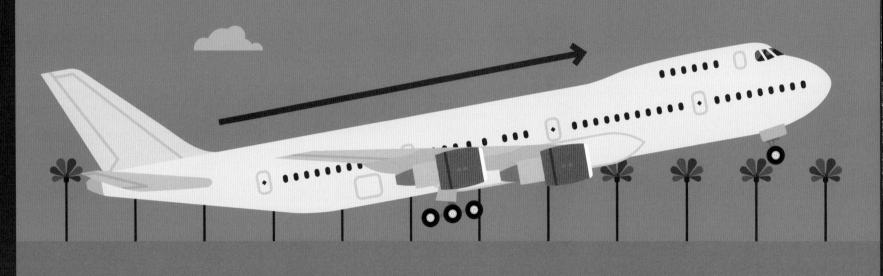

飞机飞到空中的过程称为起飞。大部分飞机都是从<u>跑道</u>上起飞的，飞机沿着跑道滑行，速度越来越快。飞行员利用操控装置来增加机翼的升力，然后飞机就飞上天空啦！

在飞行快要结束的时候，飞机就要着陆了。着陆的第一步叫做下降，飞行员让飞机一边减速，一边对准跑道慢慢飞得越来越低。接着，飞行员放下起落架，让飞机在落地后慢慢地滑行，一直到完全停下。

有些飞机可以降落在水面上、大型船只上，甚至还可以利用巨大的滑雪板降落在雪地上！

第七课

那些关于 飞机的著名故事

阿梅莉亚·玛丽·埃尔哈特

1928年，阿梅莉亚·玛丽·埃尔哈特成为了世界上首位独自飞越大西洋的女性飞行员。

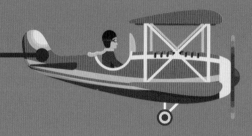

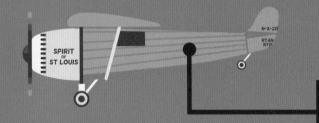

"圣路易斯精神"号

"圣路易斯精神"号于1927年成为世界首架不停站飞越大西洋的飞机。

"空军一号"

美国总统拥有自己的专用飞机，叫做"空军一号"。

动力飞行器的第一次飞行

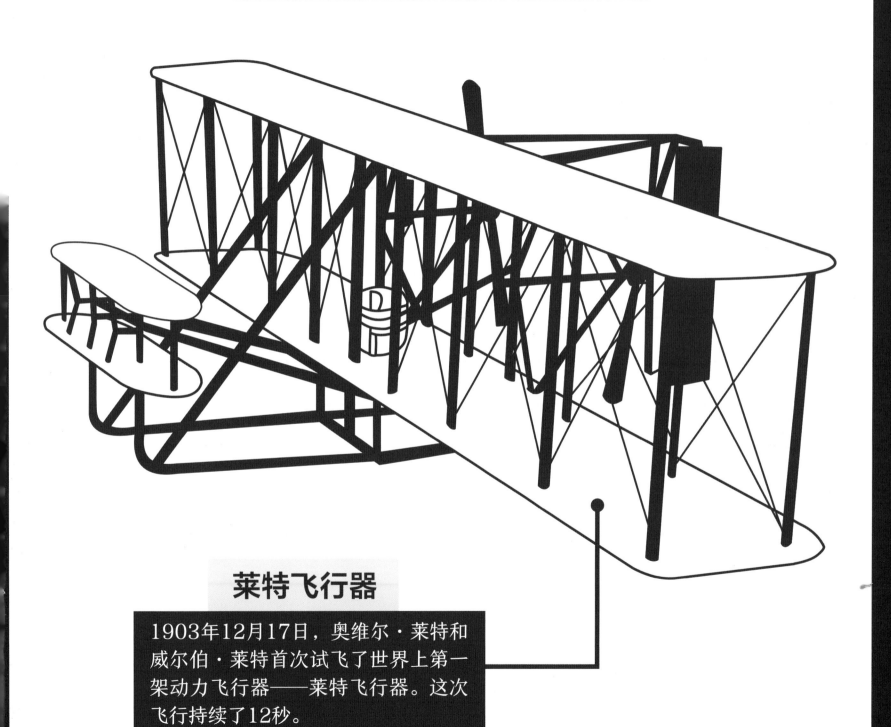

莱特飞行器

1903年12月17日，奥维尔·莱特和威尔伯·莱特首次试飞了世界上第一架动力飞行器——莱特飞行器。这次飞行持续了12秒。

飞行 小测验

好了，现在来测试一下你记住了多少关于飞机的知识点，看看你有没有认真听讲哦！如果答对了下面的全部问题，你就能赢得"粉红之翼"勋章！

问题

1. 推动飞机上升的力是什么？

2. 飞行员坐在哪里？

3. 列举出三种本书中介绍过的飞机。

4. 列举出一种飞机制造推力的方式。

5. 哪种操控装置是用来控制飞行速度的？

你答对所有的题目了吗？都答对了！太棒了！

这意味着你现在已经是一名专业的飞行员，并且成为世界顶尖精英飞行战队——"粉红之翼"的一员啦！

彩蛋课堂
弹射 座椅

一名合格的飞机飞行员需要学习关于飞机的知识，并且要花费很多年学习如何安全驾驶飞机。他们要知道如何起飞和着陆，并且知道如何处理紧急情况……

第一步
识别紧急情况

第二步
不要惊慌

第三步
背上降落伞

"花生没有了！"

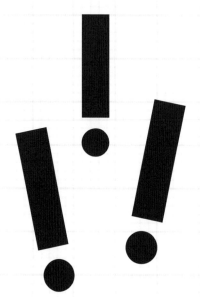
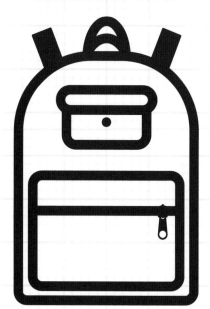

词汇表

飞行员	驾驶飞行器的人
货物	运载工具携带的东西
精英	最优秀杰出的人
力	物体之间的相互作用
跑道	供飞行器起降的、光滑平坦的长条形道路
气压	大气的重量所产生的压力
仪器	用于测量、记录和控制的装置

索引

小猪也能飞

滑翔机

〔英〕柯丝蒂·福尔摩斯 著

马 晓 审校 顾新悦 裴 波 译

中国科学技术大学出版社

安徽省版权局著作权合同登记号：第12191896号

©2019 Booklife Publishing
Simplified Chinese edition arranged by Booklife Publishing.
本翻译版获得Booklife Publishing授权，仅限在中华人民
共和国境内（香港、澳门及台湾地区除外）销售，版权所
有，翻印必究。

图书在版编目（CIP）数据

小猪也能飞.滑翔机/（英）柯丝蒂·福尔摩斯（Kirsty
Holmes）著；顾新悦等译.—合肥：中国科学技术大学出
版社，2019.5
ISBN 978-7-312-04671-1

Ⅰ.小… Ⅱ.①柯… ②顾… Ⅲ.滑翔机—儿童读物
Ⅳ.V-49

中国版本图书馆CIP数据核字（2019）第061808号

出版	中国科学技术大学出版社
	安徽省合肥市金寨路96号，230026
	http://press.ustc.edu.cn
	https://zgkxjsdxcbs.tmall.com
印刷	鹤山雅图仕印刷有限公司
发行	中国科学技术大学出版社
经销	全国新华书店
开本	787 mm × 1092 mm 1/12
印张	12
字数	150千
版次	2019年5月第1版
印次	2019年5月第1次印刷
定价	218.00元（全六册）

欢迎来到猪猪飞行训练营！

你梦想过飞上天空吗？你想知道各种飞行器的构造和原理吗？如果想，那你就来对地方了！

我们的猪猪飞行课包括飞机、热气球、航天飞机、直升机、飞艇和滑翔机六门课程。学完这些，通过测验，你就可以加入精英飞行战队——粉红之翼，成为一名超酷的猪猪飞行员！

目　录

★ 书中加下划线的词语解释可以在第22页的词汇表中找到哦！★

欢迎来到
猪猪飞行训练营！

滑翔是最类似于鸟儿飞翔的飞行方式。如果你想在空中翱翔，那你就来对地方了——猪猪飞行训练营！

在这里，你能学习到所有你想知道的、有关神奇的飞行器的知识，还能加入<u>精英</u>飞行战队——粉红之翼！

所有人员请注意，飞行时间到啦！

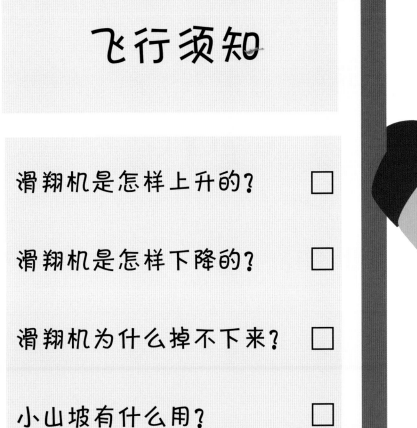

飞行须知

滑翔机是怎样上升的？ ☐

滑翔机是怎样下降的？ ☐

滑翔机为什么掉不下来？ ☐

小山坡有什么用？ ☐

第一课 滑翔机 是什么?

滑翔伞

三角翼

滑翔机是一种飞行器,一种可以飞的机器。

滑翔机的体积比较小,现在一般用在体育运动中。

第二课
滑翔机的 组成部分

尾翼
滑翔机的尾翼使滑翔机保持稳定。

机身
这是滑翔机的主体。它没有发动机，所以非常轻便。

驾驶舱
这是飞行员所在的地方，有一个座舱罩。

机翼
这些长长的、轻薄的机翼为滑翔机提供升力。

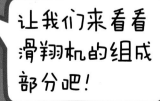

让我们来看看滑翔机的组成部分吧！

不同种类的滑翔机看起来很不一样，但是它们的工作原理都基本相同。

机翼
也可以称作伞衣或者伞翼。它们提供了升力。

操控杆
这个是供飞行员操控滑翔机的。

背带和座椅
飞行员固定在这里，因为这种滑翔机没有驾驶舱！

伞绳
这些绳索叫伞绳，它们不仅连接了飞行员，同时还可供飞行员操控机翼。

降落伞
以防万一！

要一直带着头盔哦！

第三课
滑翔机的 内部构造

牵引绳按钮

用于释放牵引绳
（参见15页）

高度表

显示飞行高度

座舱罩开关

打开座舱罩，让
飞行员进出

无线电

用于和地面上的
工作人员通话

操控杆

控制方向和高度

驾驶舱里的仪器可以显示滑翔机的飞行高度、速度，以及空中的天气情况。

滑翔伞和三角翼没有驾驶舱。滑翔伞飞行员通过专门的背带固定在滑翔伞的座椅上。三角翼飞行员则趴在一个飞行包中，手握着前方的操控杆。

第四课
升力

升力是一种能推着飞行器上升的<u>力</u>。随着滑翔机的移动，机翼上、下方产生了不同的<u>压力</u>，使滑翔机可以在空中飞行。

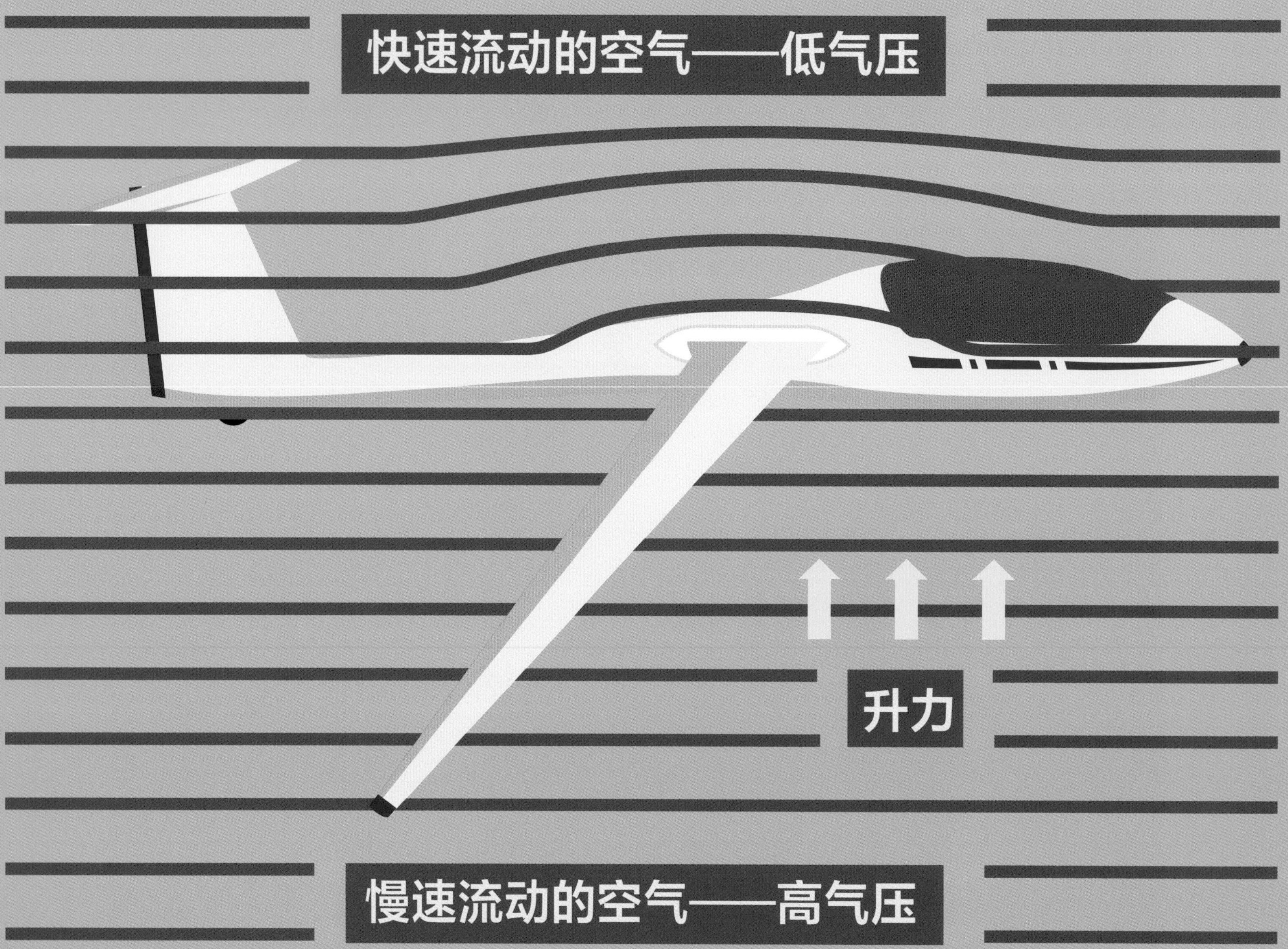

快速流动的空气——低气压

升力

慢速流动的空气——高气压

所有滑翔机都会缓慢地向地面下降。飞行员有三种方法可以使滑翔机升高：

1. 热升力

热空气会形成上升气流，滑翔机飞行员可以飞入一个上升气流的空气柱，然后螺旋着上升。

热空气
上升

冷空气
下降

2. 山脊升力

当空气遇到山坡时会向上移动，滑翔机
可以随着气流越过山坡。

滑翔机上升
并转弯

气流导致滑翔机上升

3. 波浪升力

当空气流过山坡，可能会撞击地面后重新升起，就像波浪一样。滑翔机可以随着气流飞翔，就像冲浪一样。

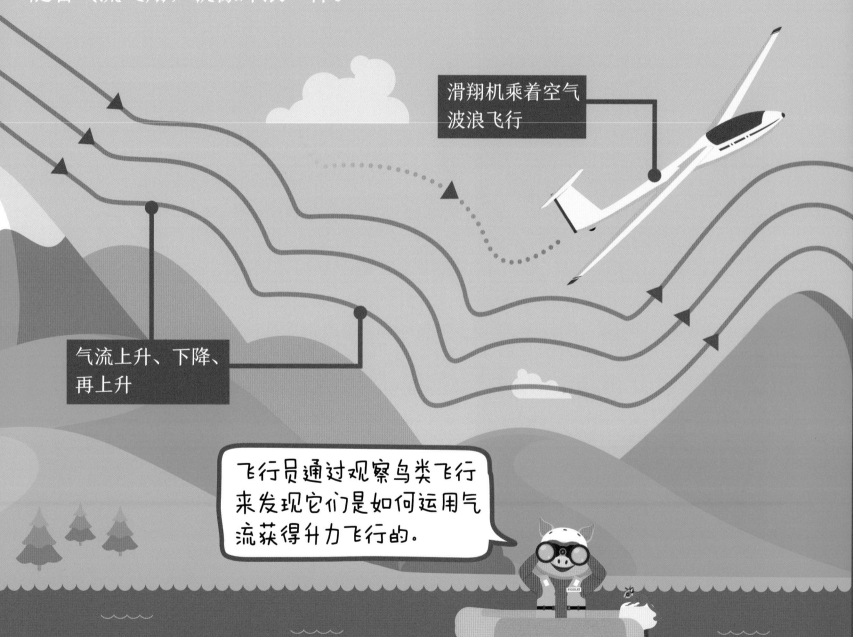

第五课
起飞

滑翔机飞到空中的过程称为起飞。
滑翔机有三种起飞方式。

三角翼和滑翔伞从高处起飞。飞行员在地面上奔跑，直到三角翼和滑翔伞升起，然后纵身一跃！

常规滑翔机能通过飞机拖曳升空来实现起飞。

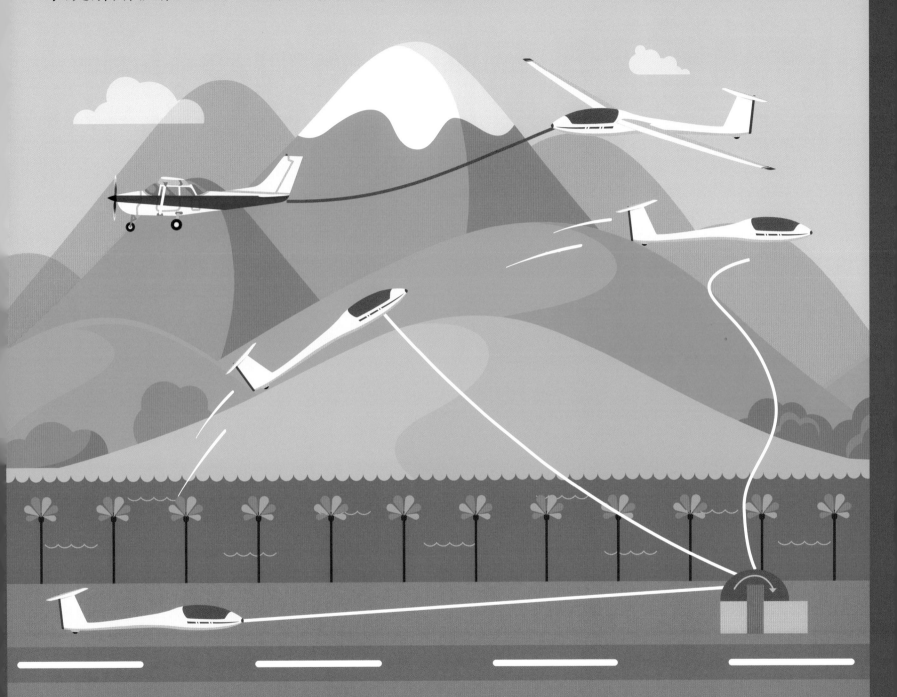

另一种起飞方式是<u>绞车</u>牵引。常规滑翔机通过一条很长的牵引绳连接在绞车上，绞车上的马达带动牵引绳将常规滑翔机牵引至空中来实现起飞。

那些关于 滑翔机的著名故事

飞行高度纪录

滑翔机飞行的高度纪录为15902米。这项纪录是由飞行员吉姆·佩恩和摩根·桑德科克在2017年驾驶"佩兰2"号创造的。

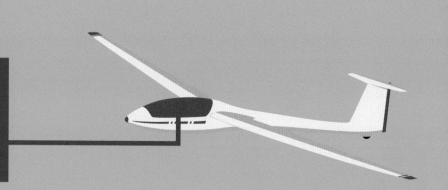

最年长的滑翔伞跳伞者

佩吉·麦卡尔平是世界上最年长的滑翔伞跳伞纪录保持者。她在104岁时由教练陪伴从塞浦路斯的一个731米高的山丘跳下起飞!

莱特兄弟

在发明第一架有发动机的飞机之前,莱特兄弟发明了一系列的滑翔机。

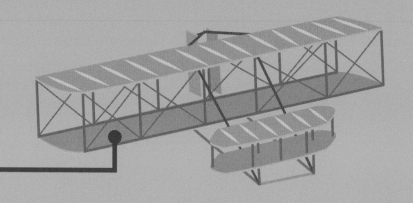

航天飞机着陆

航天飞机

严格来说，航天飞机其实也是滑翔机。当它着陆时，因机翼太小而不能像飞机一样飞行，所以它是通过滑翔的方式落到地面的。

有些动物也可以滑翔哦！

就像我！

PIGGLES

飞行 小测验

好了，现在来测试一下你记住了多少关于滑翔机的知识点，看看你有没有认真听讲哦！如果答对了下面的全部问题，你就能赢得"粉红之翼"勋章！

问题

1. 哪种滑翔机有驾驶舱？

2. 列举出能使滑翔机上升的方式。

3. 佩吉·麦卡尔平在多少岁时成为世界上最年长的滑翔伞跳伞者？

4. 飞行员是利用什么控制滑翔伞和三角翼的？

5. 什么是起飞？

你答对所有的题目了吗？都答对了！太棒了！

答案：1. 常规滑翔机 2. 热升力、山脊升力、波浪升力 3. 104岁 4. 用伞绳和杆 5. 飞到空中的过程

这意味着你现在已经是一名专业的飞行员，并且成为世界顶尖精英飞行战队——"粉红之翼"的一员啦！

飞鼠装

一名合格的滑翔机飞行员需要学习关于滑翔机的知识，并且要花费很多年学习如何安全驾驶滑翔机。他们要知道如何起飞和着陆，并且知道如何处理紧急情况……

第一步
识别紧急情况

第二步
不要惊慌

第三步
穿上飞鼠装

"我想嘘嘘！"

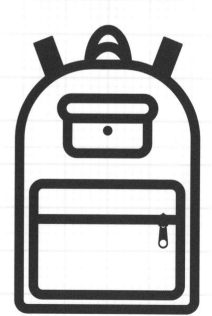

词汇表

绞车	一个把钢丝绳或链条缠绕在卷筒上的机器
精英	最优秀杰出的人
力	物体之间的相互作用
牵引	用绳子或锁链拖着
下降	从高处落下
压力	一种作用在物体表面上的力
仪器	用于测量、记录和控制的装置
柱	一个直立的结构，像筒一样
座舱罩	座舱上方的透明顶罩

索引